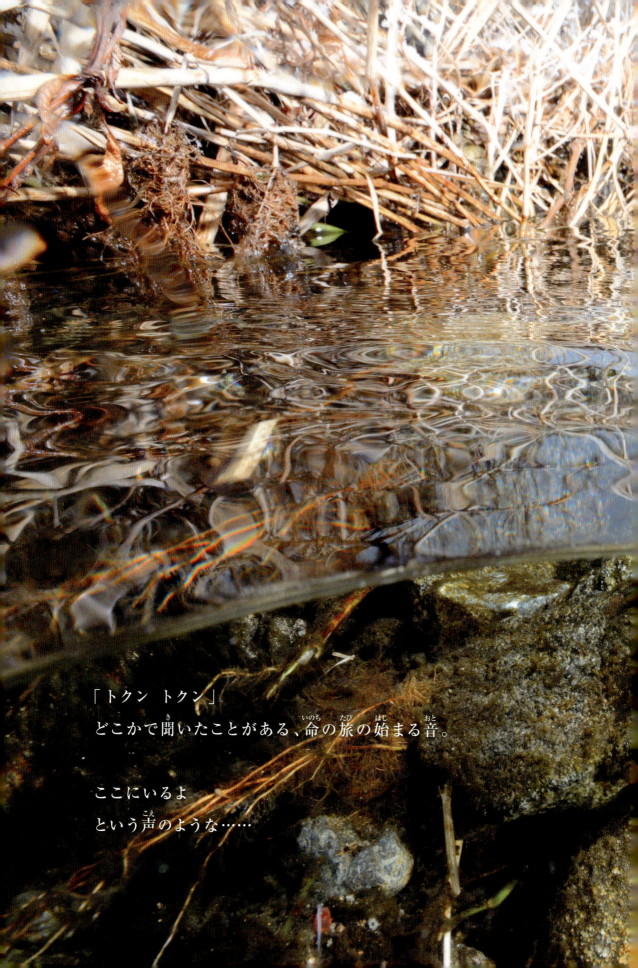

「トクン　トクン」
どこかで聞いたことがある、命の旅の始まる音。

ここにいるよ
という声のような……

ふるさとの川をめざす
サケの旅

命のつながり ❻

写真・文
平井佑之介

ここは岩手県の、とある山の上。
山頂から見ると、地球は丸く、海はどこまでも続いています。
この地に特有のふくざつな形の入り江の向こう、
東の空から太陽が顔を出しました。

森の中に入ると、木々の葉が黄や赤に色づいています。
落ち葉が積もった森は、あまくやさしいにおいがします。
「パリン パリン ザクザクザク」
落ち葉をふみながら歩いていくと、水の音が聞こえてきました。
森を流れる小川に落ちた葉っぱは、
水の中で土やさまざまなものと混じり合います。
それが川のにおいとなって、海まで届けられます。

そんな川のにおいを手がかりに、ふるさとへ帰ってくる生き物がいます。
川で生まれ、海へと下っていったサケたちです。
約4年をかけて大海原を10000キロメートル以上も旅したのち、
再びこの川へたどり着きました。
「ガラン ガラン ジャジャジャ」
もどって来たサケたちが立てる音で、秋の川はにぎやかです。

「おかえり。今年も帰ってきたね!」
地元の人たちも楽しみに待っていました。
このサケは、地元では「シロザケ」と呼ばれます。
卵を産むために
いっせいにふるさとの川に帰ってきたのです。

「クン クン」
メスのサケが川底に鼻をくっつけて、においをかいでいます。
水のわき出る場所を探しているのです。
メスはわき水を見つけると、おびれで近くの川底をほり始めました。
「ガラン ガラン ジャジャジャ」
川をにぎわせている音の正体はこれでした。
何度も何度も川底に体を打ちつけるので、
メスの体はうろこがはがれて傷だらけです。
それでも一生懸命に石や砂利をどかし、
卵を産むための場所をつくります。

そこにするどい顔つきの、大きなオスのサケたちがやってきました。
オスたちはメスが卵を産むのを待ちきれず、
川底のくぼみをおびれで力いっぱいたたきます。
せっかくメスがほったくぼみはみるみるうちにくずれ、
メスは川下にかくれてしまいました。
するととつぜん、
1ぴきのオスが体を張ってくぼみを守るように立ちふさがりました。
ほかのオスたちにかみつかれても、その場をはなれようとしません。
メスはこのオスに寄りそい、パートナーに決めたようです。

メスが力強く口を開けたのを合図に、
となりでオスもめいっぱいに口を開けました。
いよいよ、産卵のときです。
メスが産んだ卵に、オスが精子をかけます。
近くにいたオスたちも、
自分の子孫を残そうと必死で2ひきの周りにむらがります。
シロザケたちの命をかけた瞬間です。
またたく間にあたりはオスの精子で真っ白になりました。

ひとつ、またひとつ。
メスの後ろに宝石のような卵が落ちてきます。
メスのサケは3000個もの卵を、
何回かに分けてくぼみに産み落とします。

アオサギなどの鳥や
川底にひそむ魚たちが、
卵を食べようと、
すぐ近くでねらっています。
サケが産卵する季節を、
ほかの生き物たちは知っているのです。
「ジャ ジャ ジャ」
メスは卵にやさしく布団をかけるように
急いで砂利をかぶせました。

この地域では古くからサケは人にとっても大切な栄養源。
「十数年前までは200キロメートルもさかのぼった
内陸を流れる北上川でもサケで川がうもれたもんだ。
たくさんのサケが川底をほって川のはばが変わるほど。
それが当たり前だったさ」
川とともに50年歩んできた漁師さんは言いました。
サケの数は昔に比べると急激に減ってしまったそうです。
サケは冷たい水を好んで暮らしています。
ところが年々、ふるさとの川への道のりである
海水温が高くなり、帰ってくるサケが減っていることを、
漁師さんは心配しています。

「ガラン　ガラン　ジャジャジャ」
数は減っても、川のあちこちでふるさとへ帰ってきたサケが
命をつなぐ音が聞こえてきます。
産卵を終えたメスは、最後の力をふりしぼって
その場にとどまっています。
卵のそばをはなれようとしない姿は
「守りザケ」と呼ばれます。
いっぽうオスは精子を放ち終えると
しばらくはメスのそばにとどまったり
ほかのメスを探したりしていましたが、
数日後には弱って水に流されていってしまいました。

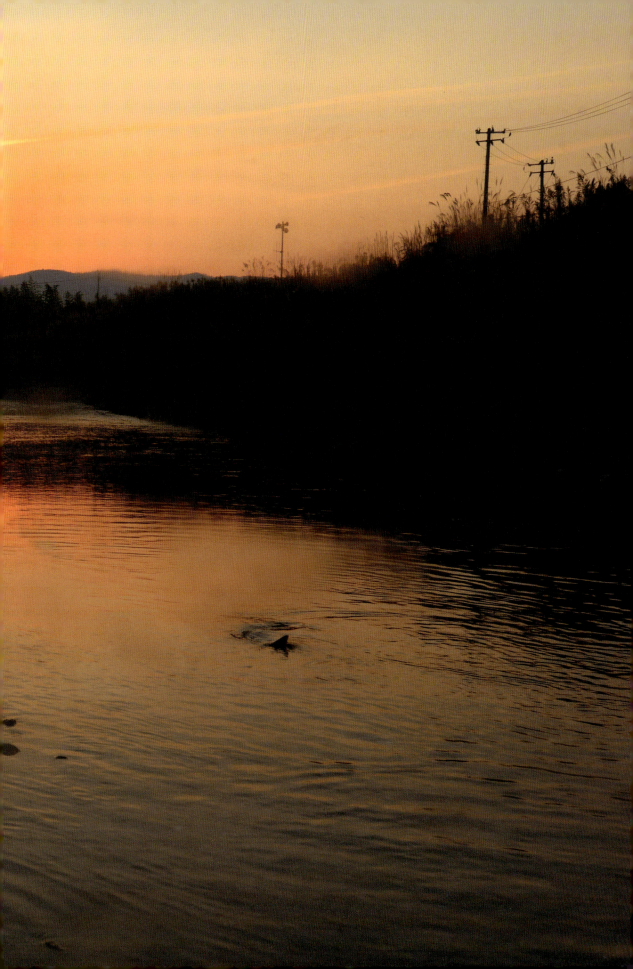

冬が近づくにつれ、
川の水は冷たさを増していきます。
メスは卵のそばをはなれないように
体をひねって泳ぎますが、
しだいに流れにのまれて
しずんでいきます。
傷つきうろこが落ちた体には、
カビが生えて白くなっています。
卵を守り続けたメスは、
ついには川底に横たわって、
とうとう力つきました。
長い旅の末に役目を果たし
命を終えたサケを
「ほっちゃれ」と呼びます。
秋の深まりとともに
川は静かになりました。

冬がやってきて、
山頂はけしょうをしたように真っ白くなりました。
森から流れ出た川の水も、
ひときわ冷たくなっています。
秋に産まれた卵はどうなっているのでしょうか？

母さんサケがやさしくかぶせた砂利の下で、
卵はすくすくと成長していました。
小指のつめほどの大きさの卵に、
ギョロギョロと小さな目が見えています！
すき通った体が、卵の中をグルングルンと回っています。
産卵のときにメスがわき水を探していた理由は、
水温の変化が少ないためでした。

ついに、卵のからをやぶって
赤ちゃんサケが顔を出しました!
初めてふれた外の世界。
とうめいな胸びれを動かし、たしかに呼吸をしています。
頭を大きくふって、赤ちゃんは精いっぱいの力で
卵から出ようとしています。

おなかにくっついている
オレンジ色のふくろは、
母さんサケからのおくり物。
まだ上手に泳げない赤ちゃんは、
このふくろから
栄養を吸収して育ちます。

やがておなかのふくろがなくなると、
泳ぎの練習が始まります。
体には模様があらわれました。

上空を飛ぶ鳥のかげにおどろいて、
水中の落ち葉のうらにかくれる赤ちゃん。
ところが広い川の中で仲間を見つけると、
おたがいを確かめるように集まり始めました。

日に日に大きくなる赤ちゃんたち。
しかし、冷たい冬の川には
食べ物となるようなプランクトンや川虫は少なく、
十分ではありません。

冬の川に残る、ほっちゃれ。
じつは赤ちゃんたちの大事な食べ物となっていました。
細かく分解されたほっちゃれは、
さらに小さな生き物やプランクトンの食べ物にもなります。
だれかの命がだれかを生かす繰り返しが、
川の中で生まれていました。

厳冬の2月。
川の上流では、帰ってくるサケの数を増やそうと、
人の手でサケの赤ちゃんを育てていました。
今日は、近所の小学生が
ある程度の大きさに成長した赤ちゃんたちを放流する日です。
「がんばれ〜！　大きくなって帰ってきてね！」
白い息とともに気持ちがあふれます。

それから約ひと月。
自然育ちの赤ちゃんたちもこの川で元気に成長しています。
大人のサケになるために、
ふるさとの川をはなれて栄養あふれる海へ
旅立ちのときが近づいてきました。
まだまだ体の小さな赤ちゃんには、大きな試練です。
数か月を過ごしたこの川のにおいを忘れることはありません。
日増しに温かくなる川の水。
春はもう、すぐそこです。

川面を春風がふきぬけます。
赤ちゃんサケたちが、生まれた川の河口に集まっていました。
勇気をふりしぼるようにしてみなで泳ぐ速さをそろえると、
まい上がる砂をこえて海へと消えてゆきます。
4年後にはなつかしいふるさとのにおいをたどって、
生まれたこの川を探し出すことでしょう。

海から陸へとかけ上がる温かい風。山の上でも春の気配がしています。
あわい色の新芽が、大地をおおうように芽ぶき始めました。
ヤマザクラの花が咲き、春先の短い間だけ、
東北の山々は絵の具の色より多くの緑と赤に染まります。

ヤマアカガエル

ニホンミツバチ

夏に向けて植物は次々に花を開き、実をつけます。
大きくゆれる枝の奥で、
ツキノワグマがヤマザクラの実を夢中で食べています。
ここ東北の自然の中では、
サケだけでなく多くの生き物たちがそれぞれに命をつないでいます。

ダンゴウオ

シロウオ

ツキノワグマ

キジ

ニホンカモシカ

夏の終わり。
雨を降らせた雲が消えると、
川に沿って畑や家々が見えてきました。
人の暮らしもまた自然とともにあり、
その中で生き物たちは少しずつ、つながって生きています。
ここはサケにとっても、大切なふるさと。
季節は流れる雲のように移り変わり、
ふるさとの川にも、また秋が近づいてきました。

ぼくが水中でサケを観察するのを
近くで支え続けてくれた人が言いました。
「ふるさとの川に帰ってくるサケの姿は、
地元の人たちへ元気も届けているんだよ」
ぼくも、サケの命の営みにふれて、今を生きる力をもらいました。
「ガラン ガラン ジャジャジャ」
はるか昔からサケたちがつないできた命の旅は
これからも続きます。

サケのこと、もっと知りたい！

Q1 サケにはどんな種類がいるの？

A1 本書に登場するシロザケは、サケ科サケ属の魚です。サケ科の魚には、背びれとおびれの間に、「あぶらびれ」という小さなひれがあります。砂利に穴をほって一生に一回だけ産卵したのち命を終えることも特徴です。日本で見られるサケ科サケ属の仲間には、シロザケのほか、サクラマス、カラフトマス、ベニザケがいます。日本の河川にそ上するサケの多くはシロザケで、別名アキサケ・アキアジとも言います。サケ科の魚の中には、同じ種でも暮らす場所で名前が変わる魚がいます。たとえば一生を川で過ごすヤマメは、食べ物を求めて海へ降り大型化するとサクラマスという名前になります。またベニザケは数年を湖で過ごしたのち海に降りますが、海に降りず湖に残ったものはヒメマスと呼ばれます。こうした生態は、環境の変化に対応し、生き残るための戦略なのかもしれません。

サクラマス

カラフトマス

ベニザケ

ヤマメ

Q2 オスとメスの見た目のちがいは？

A2 成長したサケは、オス・メスともに海では銀白色です。産卵期をむかえると、「婚姻色」という黒や緑、赤、黄色が入り混じった模様があらわれます。産卵期のメスは顔が丸く、オスに比べて目が大きいです。一方オスは鼻先が大きく曲がり、背の部分が盛り上がります。銀白色のサケを「ギンケ」、産卵期のサケは、ブナの木の模様にたとえて「ブナケ」と呼ばれています。

シロザケ（メス）

シロザケ（オス）

Q3 サケは海へ出た後、どんな暮らしをしているの？

A3 日本の川をはなれたサケの赤ちゃんは、北海道周辺のオホーツク海から北方のベーリング海へと進みます。シベリアの沖やアラスカ湾を回遊しながら魚や甲殻類を食べて大きくなり、3〜5年かけて大人になります。再び川へと帰ってくるまでの移動きょりは10000〜30000キロメートルとも言われ、最大で地球を半周以上もしていることになります。

からをやぶって
外へ（ふ化）。
生まれたときは
体長約2センチメートル。

卵の中で
体ができる。

川をそ上し
産卵する。
1ぴきのメスが
産む卵は約3000個。
そのうち
帰ってくるのは
約15ひき
（0.5パーセント）
と言われる。

成長すると
海をめざして
川を下る。
旅立ちは
日がしずんだ
あとが多い。

"サケの一生"

生まれた川の
近海へ。
川へ入ると
何も食べなくなる。

オホーツク海へ。
プランクトンなどを
食べて成長する。

ベーリング海と
アラスカ湾を回遊。
約4年間を
海で過ごす。

成長するにつれ、
ニシンなどの魚や
エビの仲間などを
食べる。

Q4 サケはどうして生まれた川がわかるの？

A4 サケが産卵のために生まれた川へ帰ることを「母川回帰」と言いますが、どんな能力によって母川回帰するのか、くわしいことはじつはまだよくわかっていません。海を回遊するサケは、太陽の角度や地球の磁力をもとに方角を感知するなど、さまざまな能力で沿岸にたどり着くと言われています。なかでもサケが生まれた川の水のにおいをおぼえているのではないかという推測は古くから研究されており、川の水にふくまれる「アミノ酸」という物質を見分けて帰ってくるという説が有力視されています。

Q5 サケの赤ちゃんの黒い模様はなんのため？

A5 成長するにつれて体の表面にあらわれる黒い水玉模様は「パーマーク」と呼ばれ、砂利などにまぎれて天敵から見えづらくする役割を果たします。また、ち魚は群れをつくるので、たくさんの模様が動き回ることで相手の目をごまかす効果があるとも考えられます。さらに成長すると、模様はだんだんうすくなります。

ふ化から約40日後

Q6 サケの切り身はどうしてオレンジ色なの？

A6 じつはサケは、タイやヒラメと同じ白身の魚です。海に出たサケは、カニやエビを好んで食べます。これらにふくまれる赤い色素のえいきょうで、身がオレンジ色になるのです。産卵期に川をさかのぼるサケは体がブナケになりますが、それもこの色素のためです。また海に比べて川は水深が浅く、強い日差しから色素が体を守ってくれる効果があると考えられています。サケの卵であるイクラがオレンジ色をしているのも、同じ理由です。

Q7 この本に出てくる川はどんな川？

A7 ぼくが本書を撮影するために通った川は、岩手県内にあります。この川には2011年3月11日の東日本大震災のときに津波でがれきがおし流されてきました。当時川で過ごしていたサケの赤ちゃんも、おそらく津波にあったものと思われます。ぼくが初めてこの川に帰ってきたサケと出会ったのは2014年。それは、震災を乗りこえた赤ちゃんがいたということです。本書に登場するサケはその子孫かもしれません。川のがれきは人々の手で取り除かれ平和な姿を取りもどしました。しかし、川に帰ってくるサケの数は年々減っています。

今も川には
さまざまな生き物が
暮らす

Q8 サケはなぜ、日本の川から減っているの？

A8 冷たい水を好むサケの仲間は、日本の多くの川をふるさとにしてきました。ところが近年の地球温暖化によって、海の水温が高くなりつつあります。そのため生まれた川の近海までサケが帰ってくることが難しくなり、日本の川からサケがどんどん減っています。逆に、これまでシロザケのいなかった北極圏で産卵するサケが見つかったという報告もあります。サケも必死にすみやすい環境を探しているのかも知れません。

平井 佑之介
【ひらい・ゆうのすけ】

1988年、東京生まれ。大学で動物行動学を学び、写真を通して「今を生きる」生き物たちの姿を伝え、人と動物、そして自然がともに暮らせるきっかけを作りたいと写真家を志す。伴侶動物であるイヌやネコから、イルカやビーバーなどの野生動物まで幅広く撮影している。本書ではQ&Aのイラストも担当。

Webサイト
https://www.kemonomichianimal.com

デザイン	富澤祐次
編集	高橋佐智子
プリンティング・ディレクション	鈴木利行
協力	みちのくダイビング リアス

ふるさとの川をめざす
サケの旅

2024年9月17日　初版第1刷発行

著者	平井佑之介
発行者	斉藤　博
発行所	株式会社 文一総合出版
	〒102-0074
	東京都千代田区九段南3-2-5 ハトヤ九段ビル4階
	Tel. 03-6261-4105　Fax. 03-6261-4236
	URL: https://www.bun-ichi.co.jp
振替	00120-5-42149
印刷所	奥村印刷株式会社

©Yunosuke Hirai 2024　Printed in Japan
ISBN978-4-8299-9020-9　NDC487　48P　B5判(182×257mm)

JCOPY〈(社)出版社著作権管理機構 委託出版物〉
本書の無断複写は著作権法上での例外を除き禁じられています。複写される場合は、そのつど事前に、(社)出版社著作権管理機構(Tel.03-3513-6969、Fax.03-3513-6979、e-mail:info@jcopy.or.jp)の許諾を得てください。